Abdelhafid Mimouni

Gota e Antioxidantes: Os antagonistas invisíveis

Abdelhafid Mimouni

Gota e Antioxidantes: Os antagonistas invisíveis

ScienciaScripts

Imprint

Any brand names and product names mentioned in this book are subject to trademark, brand or patent protection and are trademarks or registered trademarks of their respective holders. The use of brand names, product names, common names, trade names, product descriptions etc. even without a particular marking in this work is in no way to be construed to mean that such names may be regarded as unrestricted in respect of trademark and brand protection legislation and could thus be used by anyone.

Cover image: www.ingimage.com

This book is a translation from the original published under ISBN 978-620-6-70596-3.

Publisher:
Sciencia Scripts
is a trademark of
Dodo Books Indian Ocean Ltd. and OmniScriptum S.R.L publishing group

120 High Road, East Finchley, London, N2 9ED, United Kingdom
Str. Armeneasca 28/1, office 1, Chisinau MD-2012, Republic of Moldova, Europe
Printed at: see last page
ISBN: 978-620-7-72385-0

Título: "Gota e Antioxidantes: Os Antagonistas Invisíveis".

Autor: Dr. Abdelhafid Mimouni, Doutoramento em Sistemas Bioinorgânicos, Universidade de Paris XII, Créteil, França (1997). Investigador independente, o Dr. Mimouni tem uma vasta experiência na síntese, caraterização e avaliação de compostos organometálicos e macromoleculares. As suas competências técnicas estendem-se à espetroscopia (IR, UV-Visível, Raman, XAS, NMR) e à utilização de software de simulação como o FEFF e o EXAFS para Mac. A sua tese (1993-1997) centrou-se na síntese e caraterização de vários compostos organometálicos e macromoleculares. Desde 1997, tem publicado livros centrados em métodos de caraterização espetral e sistemas bioinorgânicos. O Dr. Mimouni é também autor de três publicações em revistas internacionais com revisão por pares, tratando em particular do estudo de derivados da vitamina B12 por espetroscopia de absorção de raios X e da utilização do teste F para comparar diferentes modelos estruturais ajustados aos espectros EXAFS de cobaloximas e derivados da vitamina B12.

Prefácio :

"A gota e os antioxidantes: Os Antagonistas Invisíveis" é um livro abrangente que explora em profundidade o stress oxidativo e o seu impacto na saúde. Os capítulos do livro oferecem um olhar detalhado sobre o papel do ácido úrico como antioxidante, as suas ligações ao stress oxidativo e à gota, e estratégias para modular estes aspectos no contexto da gota. Além disso, são discutidas novas terapias direccionadas e implicações clínicas para a gestão da gota, bem como a importância crucial do glutatião na salvaguarda da vitamina B12 durante o trânsito intestinal. Este livro oferece uma visão abrangente e informada de um assunto que é crucial para a saúde humana.

Esboço do livro :

Introdução.

Num mundo em que a saúde se tornou uma questão importante, a luta contra as doenças crónicas tornou-se uma prioridade. O stress oxidativo e as suas consequências para a saúde humana estão no centro destas preocupações. Este livro, intitulado "A gota e os antioxidantes: Os Antagonistas Invisíveis", explora em profundidade o papel crucial dos antioxidantes na prevenção e no tratamento das doenças, destacando os seus mecanismos de ação, as suas complexas inter-relações e as suas implicações clínicas.

O Capítulo 1: Introdução ao stress oxidativo aborda os fundamentos deste fenómeno, definindo o stress oxidativo e destacando as fontes e os efeitos dos radicais livres. Este capítulo estabelece as bases para a compreensão da importância dos antioxidantes no combate a este processo deletério.

O Capítulo 2: O papel do ácido úrico como antioxidante explora um aspeto frequentemente ignorado do ácido úrico como antioxidante endógeno, ao mesmo tempo que examina as consequências patológicas da sua produção excessiva.

O capítulo 3: Relação entre ácido úrico, stress oxidativo e gota analisa as complexas inter-relações entre ácido úrico, stress oxidativo e gota, lançando luz sobre os mecanismos moleculares subjacentes a esta doença.

O Capítulo 4: Strategies for Modulating Oxidative Stress and Uric Acid in Gout (Estratégias para modular o stress oxidativo e o ácido úrico na gota) apresenta abordagens práticas para equilibrar o stress oxidativo e o ácido úrico, salientando a importância de uma dieta rica em antioxidantes na prevenção e tratamento da gota.

O Capítulo 5: Perspectivas Futuras e Implicações Clínicas olha para o futuro da investigação sobre antioxidantes, oferecendo vias promissoras para o desenvolvimento de terapias direccionadas e discutindo o seu potencial impacto na prevenção e tratamento de doenças.

Capítulo 6: O papel crucial do glutatião na proteção da vitamina B12 alarga a perspetiva explorando a ligação entre o glutatião e a vitamina B12, salientando a importância deste tripeptídeo na preservação da vitamina B12 durante o transporte intestinal.

Este livro tem como objetivo fornecer aos leitores uma compreensão aprofundada dos antioxidantes e do seu papel essencial na preservação da saúde, explorando simultaneamente as implicações clínicas e terapêuticas deste conhecimento. Em suma, "A Gota e os Antioxidantes: Os Antagonistas Invisíveis" oferece uma visão abrangente e informada de um assunto que é crucial para a saúde humana.

Capítulo 1: Introdução ao stress oxidativo.

O conceito de stress oxidativo, apresentado pela primeira vez por M. Harman na década de 1950, tem vindo a atrair uma atenção crescente na investigação médica. Refere-se a um desequilíbrio entre a produção de radicais livres e os mecanismos de defesa antioxidantes do organismo, que conduz a danos celulares e tecidulares.

Fontes e efeitos dos radicais livres

Os radicais livres são moléculas altamente reactivas produzidas durante o metabolismo normal do oxigénio. Embora sejam essenciais para muitos processos biológicos, a sua acumulação excessiva pode causar danos oxidativos nos ácidos nucleicos, lípidos e proteínas, contribuindo para o desenvolvimento de várias doenças crónicas.

Mecanismos de defesa antioxidante :

$_{222}$O organismo dispõe de vários mecanismos de defesa antioxidante para combater os efeitos nocivos dos radicais livres, como o superóxido (O --), o peróxido de hidrogénio (H O) e o radical hidroxilo (OH-). Entre estes mecanismos, o glutatião desempenha um papel central na neutralização destas espécies reactivas e na proteção das células contra os danos oxidativos.

O papel do glutatião na luta contra o stress oxidativo :

O glutatião exerce os seus efeitos antioxidantes de várias formas. Em primeiro lugar, actua como cofator de determinadas enzimas antioxidantes, nomeadamente a glutatião peroxidase, que converte o peróxido de hidrogénio em água, protegendo as células contra os danos oxidativos. Além disso, o glutatião pode neutralizar diretamente os radicais livres, fornecendo-lhes um eletrão e transformando-os em formas menos reactivas e menos nocivas.

Interacções entre o glutatião e outros antioxidantes :

O glutatião interage igualmente com outros antioxidantes, reforçando a sua eficácia na luta contra o stress oxidativo. Por exemplo, regenera a vitamina C e a vitamina E, dois importantes antioxidantes, fornecendo-lhes electrões que lhes permitem continuar a neutralizar os radicais livres. Além disso, o glutatião pode proteger as células contra os danos causados pelos metais pesados, formando com eles complexos estáveis e favorecendo a sua excreção pelo organismo.

Papel do selénio :

O selénio, um oligoelemento essencial, é também crucial para o funcionamento da glutatião peroxidase. Enquanto cofator desta enzima, o selénio permite ao glutatião neutralizar os radicais livres da forma mais eficaz possível. O selénio desempenha assim um papel essencial na defesa antioxidante do organismo contra o stress oxidativo.

Interpretação do índice de stress oxidativo :

O índice de stress oxidativo é uma ferramenta valiosa para avaliar o nível de stress oxidativo no organismo. É calculado com base nos níveis sanguíneos de vários marcadores, incluindo a relação cobre/zinco, a glutationa peroxidase, os tióis e a PCRus. Um índice elevado indica um stress oxidativo significativo, que pode estar associado a um risco acrescido de doenças crónicas.

Em conclusão, o glutatião, em colaboração com o selénio, desempenha um papel essencial na luta contra o stress oxidativo, neutralizando os radicais livres e protegendo as células contra os danos oxidativos. A sua interação com outros antioxidantes aumenta ainda mais a sua eficácia na prevenção de doenças crónicas associadas ao stress oxidativo. Uma compreensão aprofundada destes mecanismos pode abrir caminho a novas estratégias terapêuticas para tratar e prevenir estas doenças.

Perspectivas futuras :

A investigação continua a explorar novas vias para otimizar a gestão do stress oxidativo e o seu impacto na saúde. São necessários estudos aprofundados para compreender plenamente os mecanismos moleculares subjacentes, bem como para identificar novos agentes terapêuticos ou abordagens de prevenção mais direccionadas. As áreas de investigação promissoras incluem técnicas para aumentar a biodisponibilidade do glutatião, como a administração de precursores do glutatião ou a utilização de compostos que activam as vias de síntese do glutatião. Além disso, a exploração das interacções complexas entre o glutatião, o selénio e outros antioxidantes poderia revelar novas sinergias terapêuticas.

Implicações clínicas :

Uma melhor compreensão do papel do glutatião e do selénio no combate ao stress oxidativo pode ter implicações clínicas importantes. Os médicos poderiam considerar estratégias de suplementação com glutatião ou selénio para doentes com risco acrescido de stress oxidativo, como os que sofrem de doenças crónicas, perturbações metabólicas ou expostos a ambientes tóxicos. Além disso, a monitorização do índice de stress oxidativo pode tornar-se uma ferramenta de rastreio útil para identificar indivíduos em risco e orientar intervenções preventivas.

Em suma, o glutatião e o selénio desempenham papéis essenciais na defesa antioxidante do organismo contra o stress oxidativo. A sua complexa interação com outros antioxidantes e o seu envolvimento numa multiplicidade de processos biológicos sublinham a importância de manter um equilíbrio adequado para preservar a saúde e prevenir as doenças crónicas.

Modulação natural do glutatião e do selénio: Dieta, estilo de vida e gestão do stress :

A modulação do glutatião e do selénio também pode ser tratada através de abordagens naturais, como a dieta e o estilo de vida. Certos alimentos são ricos em glutatião e selénio, e a sua inclusão na dieta pode ajudar a aumentar os níveis destes antioxidantes no organismo.

Por exemplo, alimentos como frutas e legumes frescos, especialmente alho, espinafres, abacates e espargos, são conhecidos por serem ricos em glutatião. Castanhas do Brasil, sementes de girassol, atum, salmão e ovos são também boas fontes de selénio. Ao incluir estes alimentos na sua dieta diária, pode apoiar a produção e a ação do glutatião e do selénio no organismo.

Para além da dieta, as práticas para evitar factores de stress ambiental, como a poluição, o tabagismo e a exposição excessiva aos raios UV, podem ajudar a evitar uma diminuição dos níveis destes antioxidantes.

Em última análise, uma abordagem holística da saúde, incluindo uma dieta equilibrada, práticas de gestão do stress e atenção ao ambiente, pode ajudar a manter níveis ideais de glutatião e selénio no organismo, aumentando a capacidade do organismo para combater o stress oxidativo e prevenir as doenças crónicas associadas.

Capítulo 2: Papel do ácido úrico como antioxidante.

O ácido úrico está frequentemente associado à gota, uma doença articular caracterizada por depósitos de cristais de urato nas articulações, mas é também um importante antioxidante endógeno do organismo. Neste capítulo, exploramos o papel do ácido úrico como antioxidante, os seus mecanismos de ação na neutralização dos radicais livres e as consequências patológicas da sua produção excessiva.

Apresentação do ácido úrico como um antioxidante endógeno :

O ácido úrico é o produto final do metabolismo das purinas no ser humano. É sintetizado principalmente no fígado, onde as purinas provenientes da alimentação ou da degradação celular são convertidas em ácido úrico por uma série de enzimas. Contrariamente ao que se possa pensar, o ácido úrico não é apenas um resíduo metabólico a eliminar, mas desempenha também um papel importante como antioxidante no organismo.

Mecanismos de ação para neutralizar os radicais livres :

O ácido úrico actua como antioxidante neutralizando os radicais livres, como o radical superóxido (O2--) e o radical hidroxilo (OH-). Para tal, fornece electrões aos radicais livres, transformando-os em espécies menos reactivas e menos nocivas. [222]Mais especificamente, o ácido úrico reage com o radical superóxido para formar peróxido de água (H O), que é depois convertido em água (H O) por enzimas como a catalase e a glutationa peroxidase.

Para além da sua capacidade de neutralizar os radicais livres, o ácido úrico pode também proteger os lípidos da oxidação, reduzir o stress oxidativo induzido pela isquémia e pela reperfusão e modular a inflamação. Estes efeitos benéficos fazem dele um componente importante do sistema antioxidante do organismo.

Consequências patológicas da produção excessiva de ácido úrico :

Embora o ácido úrico seja um importante antioxidante, a sua produção excessiva pode ter consequências patológicas. Devido à sua incapacidade de se regenerar, a acumulação excessiva de ácido úrico pode levar a um aumento do stress oxidativo e a danos celulares. Para além disso, níveis elevados de ácido úrico podem encorajar a formação de cristais de urato, o que pode levar a doenças como a gota e os cálculos renais.

Curiosamente, os estudos também sugeriram uma ligação entre níveis elevados de ácido úrico e doenças como as doenças cardiovasculares, a hipertensão arterial, a diabetes tipo 2 e a obesidade, embora os mecanismos exactos desta associação ainda não sejam totalmente compreendidos.

Em conclusão, embora o ácido úrico esteja frequentemente associado a condições patológicas como a gota, também desempenha um papel importante como antioxidante endógeno no organismo. No entanto, a produção excessiva de ácido úrico pode levar a consequências patológicas devido à sua incapacidade de se regenerar e à sua capacidade de promover a formação de cristais de urato. Uma melhor compreensão destes mecanismos poderia abrir caminho a novas estratégias terapêuticas para tratar doenças associadas à disfunção do ácido úrico.

 A importância do equilíbrio do ácido úrico no organismo :

O equilíbrio do ácido úrico no organismo é crucial para manter uma função antioxidante óptima, evitando os efeitos nocivos da sua produção excessiva. Estudos recentes sublinharam a importância deste equilíbrio na prevenção de muitas doenças crónicas e na promoção de uma saúde óptima.

Enquanto antioxidante endógeno, o ácido úrico desempenha um papel fundamental na proteção contra o stress oxidativo e a inflamação. Contudo, níveis excessivamente elevados de ácido úrico podem ter efeitos deletérios, incluindo danos celulares, a formação de cristais de urato e um risco acrescido de doenças cardiovasculares, hipertensão arterial, diabetes de tipo 2 e obesidade.

A manutenção de um equilíbrio adequado do ácido úrico no organismo é, por isso, essencial para prevenir estas complicações. Abordagens como uma dieta equilibrada, a redução do consumo de alimentos ricos em purinas, a promoção de uma hidratação adequada e a prática regular de atividade física podem ajudar a manter níveis adequados de ácido úrico.

Além disso, as estratégias terapêuticas destinadas a regular a produção e a eliminação do ácido úrico, tais como a utilização de medicamentos e terapias direccionadas, poderiam oferecer novas perspectivas na prevenção e no tratamento de doenças associadas ao desequilíbrio do ácido úrico.

Em conclusão, a compreensão da importância de manter um equilíbrio adequado de ácido úrico no organismo é essencial para preservar a saúde e prevenir doenças crónicas. Ao explorar os mecanismos pelos quais o ácido úrico é regulado e ao desenvolver abordagens terapêuticas específicas, é possível otimizar o seu papel como antioxidante, minimizando os seus efeitos nocivos, abrindo assim caminho para novas estratégias de gestão da saúde.

Capítulo 3: A relação entre o ácido úrico, o stress oxidativo e a gota.

A gota, uma forma de artrite inflamatória causada por depósitos de cristais de urato nas articulações, está intimamente ligada a uma elevada concentração de ácido úrico no organismo. Neste capítulo, iremos explorar em pormenor a forma como o excesso de ácido úrico pode contribuir para o stress oxidativo e agravar a doença da gota, bem como os mecanismos subjacentes que promovem a formação de cristais de urato e desencadeiam uma resposta inflamatória nas articulações.

Contribuição do ácido úrico para o stress oxidativo :

Níveis elevados de ácido úrico no organismo podem contribuir para o stress oxidativo de várias formas. Em primeiro lugar, o próprio ácido úrico pode atuar como um oxidante quando presente em níveis elevados, causando danos oxidativos nos tecidos e nas células. Além disso, estudos demonstraram que o ácido úrico pode estimular a produção de radicais livres, como o radical superóxido (O2--), pelas células inflamatórias, aumentando assim a carga oxidativa no organismo. Consequentemente, o stress oxidativo induzido pelo ácido úrico pode contribuir para a inflamação e a progressão da gota.

Mecanismos de formação de cristais de urato e inflamação das articulações :

O excesso de ácido úrico promove a formação de cristais de urato, que são depósitos sólidos de urato de sódio, nas articulações. Estes cristais formam-se geralmente quando os níveis de ácido úrico no sangue excedem a solubilidade máxima, provocando a sua precipitação e depósito nos tecidos das articulações. Uma vez formados, os cristais de urato desencadeiam uma reação inflamatória aguda, activando o sistema imunitário e recrutando células inflamatórias como os macrófagos e os neutrófilos. Estas células libertam mediadores inflamatórios, como a interleucina-1β (IL-1β) e o fator de necrose tumoral alfa (TNF-α), que contribuem para a inflamação e os danos nos tecidos das articulações.

Consequências da inflamação das articulações na gota :

A inflamação das articulações associada à gota pode causar dor intensa, inchaço e rigidez articular, afectando significativamente a qualidade de vida dos doentes. Para além disso, os episódios recorrentes de inflamação não tratada podem levar a danos permanentes nas articulações, incapacidade e comprometimento da função articular. A gestão eficaz do ácido úrico e do stress oxidativo é, portanto, crucial para prevenir e aliviar os sintomas da gota, bem como para reduzir o risco de complicações a longo prazo.

Em conclusão, embora o ácido úrico contribua com 60% da capacidade antioxidante total do plasma, não é um antioxidante no sentido tradicional porque não se pode regenerar quando oxidado. No entanto, o seu próprio poder antioxidante é inegável. Paradoxalmente, uma concentração sanguínea elevada de ácido úrico está frequentemente associada a condições patológicas como a gota, as doenças renais e as doenças cardiovasculares, que contribuem para aumentar os níveis de stress oxidativo no organismo. Assim, embora o ácido úrico possa ter efeitos antioxidantes, o seu excesso pode também exacerbar o stress oxidativo e as condições patológicas daí resultantes. Esta nuance sublinha a importância de um equilíbrio delicado na regulação do ácido úrico para manter a saúde e prevenir as doenças associadas.

"Gestão do ácido úrico e do stress oxidativo na gota: implicações para a saúde das articulações".

Este capítulo fornece uma visão detalhada das ligações entre o ácido úrico, o stress oxidativo e a gota, destacando os mecanismos de formação de cristais de urato, a inflamação das articulações e as consequências a longo prazo da doença. Para completar esta análise, eis um texto adicional a integrar:

A gestão eficaz do ácido úrico e do stress oxidativo é de extrema importância na prevenção e tratamento da gota, uma forma de artrite inflamatória associada a depósitos de cristais de urato nas articulações. O excesso de ácido úrico no organismo pode contribuir para o stress oxidativo, promover a formação de cristais de urato e desencadear uma reação inflamatória aguda, conduzindo a sintomas dolorosos e a lesões articulares a longo prazo.

A compreensão dos mecanismos subjacentes a estes processos patológicos é crucial para o desenvolvimento de estratégias de gestão direccionadas. De facto, embora o ácido úrico desempenhe um importante papel antioxidante, pode tornar-se oxidativo em níveis elevados, contribuindo para o stress oxidativo e a inflamação. Esta dualidade realça a necessidade de um equilíbrio delicado na regulação do ácido úrico para manter a saúde das articulações e prevenir as complicações associadas à gota.

A gestão do ácido úrico na gota envolve não só a redução dos níveis excessivos de ácido úrico, mas também a abordagem do stress oxidativo induzido por este excesso. As abordagens terapêuticas destinadas a reduzir a produção de ácido úrico, a melhorar a sua eliminação e a aliviar o stress oxidativo podem oferecer perspectivas promissoras para o controlo da gota e a preservação da saúde das articulações.

Em conclusão, o delicado equilíbrio entre o antioxidante e o oxidante representado pelo ácido úrico realça a necessidade de uma abordagem holística para a gestão da gota. Ao compreender os mecanismos de formação de cristais de urato, o impacto do stress oxidativo e as implicações a longo prazo da inflamação das articulações, é possível desenvolver estratégias terapêuticas inovadoras para aliviar os sintomas da gota e prevenir danos permanentes nas articulações, melhorando assim a qualidade de vida.

Capítulo 4: Estratégias de modulação do stress oxidativo e do ácido úrico na gota.

A gestão do stress oxidativo e do ácido úrico é crucial na prevenção e tratamento da gota. As estratégias destinadas a equilibrar estes dois factores podem oferecer perspectivas promissoras para aliviar os sintomas e reduzir o risco de complicações associadas a esta doença.

Modulação do stress oxidativo :

Para reduzir o stress oxidativo, é essencial seguir uma dieta rica em antioxidantes. Os vegetais crucíferos, como os brócolos, os citrinos, as bagas e os frutos e legumes coloridos são fontes valiosas de vitaminas C e E, selénio e glutatião. Estes compostos actuam em sinergia para neutralizar os radicais livres e proteger as células contra os danos oxidativos.

O glutatião, em particular, merece uma atenção especial. Para além da sua capacidade de neutralizar diretamente os radicais livres, actua também como cofator de várias enzimas antioxidantes, reforçando o sistema de defesa antioxidante do organismo. Estudos demonstraram que níveis adequados de glutatião podem reduzir a inflamação e melhorar a saúde cardiovascular, aspectos importantes no tratamento da gota.

Equilíbrio antioxidante :

Manter um equilíbrio entre os diferentes antioxidantes é crucial para controlar o stress oxidativo. Embora o glutatião desempenhe um papel central, é importante não esquecer a importância de outros antioxidantes, como a vitamina C, a vitamina E e o selénio. Uma dieta equilibrada, incluindo uma variedade de alimentos ricos nestes nutrientes, é, por conseguinte, essencial.

No entanto, é igualmente crucial notar que a suplementação com antioxidantes não deve ser utilizada de forma excessiva, pois pode ter efeitos nocivos. É preferível adotar uma abordagem equilibrada, combinando uma alimentação saudável com uma suplementação específica quando necessário.

O Capítulo 4 aborda estratégias para modular o stress oxidativo e o ácido úrico na gota, salientando a importância crucial de equilibrar estes dois factores para aliviar os sintomas e reduzir o risco de complicações associadas à doença.

A modulação do stress oxidativo é apresentada como um pilar do tratamento da gota, com ênfase na adoção de uma dieta rica em antioxidantes. Os vegetais crucíferos, os citrinos, as bagas e os frutos e vegetais coloridos são recomendados devido ao seu teor em vitaminas C e E, selénio e glutatião, que actuam em sinergia para neutralizar os radicais livres e proteger as células contra os danos oxidativos. É sublinhado o papel essencial do glutatião, tanto pela sua capacidade de neutralizar diretamente os radicais livres como pela sua ação como cofator de várias enzimas antioxidantes, reforçando o sistema de defesa antioxidante do organismo.

O equilíbrio entre os antioxidantes é também destacado como um elemento-chave na modulação do stress oxidativo, salientando a importância de manter um equilíbrio entre diferentes antioxidantes, como a vitamina C, a vitamina E e o selénio. A tónica é colocada numa abordagem equilibrada, combinando uma dieta saudável com uma suplementação específica quando necessário, ao mesmo tempo que se adverte contra o uso excessivo de suplementos antioxidantes.

Em suma, este capítulo oferece recomendações práticas para a modulação do stress oxidativo e do ácido úrico na gota, salientando a importância de uma abordagem equilibrada e orientada para a gestão desta doença.

Investigação futura :

A investigação futura nesta área deve centrar-se no desenvolvimento de terapias específicas destinadas a modular especificamente o stress oxidativo e o ácido úrico na gota. Estudos aprofundados sobre os mecanismos subjacentes a estes processos patológicos poderão abrir caminho a novas abordagens terapêuticas, mais eficazes e mais bem direccionadas. Por exemplo, estudos sobre as vias metabólicas envolvidas na produção de ácido úrico poderão levar ao desenvolvimento de fármacos que visem especificamente estes processos, reduzindo assim a produção excessiva de ácido úrico e aliviando os sintomas da gota. Implicações clínicas: As implicações clínicas desta investigação são significativas, uma vez que poderão influenciar as estratégias de prevenção e tratamento da gota no futuro. Ao compreenderem melhor as ligações entre o stress oxidativo, o ácido úrico e a gota, os médicos podem ser capazes de propor intervenções mais personalizadas e eficazes para os seus doentes. Além disso, a identificação precoce dos factores de risco da gota associados ao stress oxidativo poderá permitir uma gestão preventiva mais proactiva, reduzindo assim a prevalência e a gravidade desta doença. Estes avanços poderão também ter implicações mais vastas para a saúde pública, ajudando a reduzir o peso da gota no sistema de saúde e melhorando a qualidade de vida das pessoas com esta doença. Por último, uma melhor compreensão das relações entre o stress oxidativo, o ácido úrico e a gota poderá abrir caminho a novas estratégias de prevenção das doenças cardiovasculares, que estão frequentemente associadas a esta doença.

Capítulo 5: Perspectivas futuras e implicações clínicas.

Perspectivas futuras: A investigação futura no domínio da gota deve centrar-se no desenvolvimento de terapias específicas destinadas a modular especificamente o stress oxidativo e o ácido úrico. Estudos aprofundados sobre os mecanismos subjacentes a estes processos patológicos poderiam abrir caminho a abordagens terapêuticas novas, mais eficazes e mais bem direccionadas. Por exemplo, as investigações sobre as vias metabólicas envolvidas na produção de ácido úrico poderiam levar ao desenvolvimento de medicamentos que visassem especificamente estes processos, reduzindo assim a produção excessiva de ácido úrico e aliviando os sintomas da gota. Do mesmo modo, a investigação sobre os mecanismos do stress oxidativo na gota poderia levar ao desenvolvimento de terapias destinadas especificamente a modular estes processos, oferecendo assim novas perspectivas para o tratamento da doença.

Implicações clínicas :

As implicações clínicas desta investigação são significativas, uma vez que poderão influenciar as estratégias de prevenção e tratamento da gota no futuro. Ao compreenderem melhor as ligações entre o stress oxidativo, o ácido úrico e a gota, os médicos poderão propor intervenções mais personalizadas e eficazes aos seus doentes. Além disso, a identificação precoce dos factores de risco da gota associados ao stress oxidativo poderá permitir uma gestão preventiva mais proactiva, reduzindo assim a prevalência e a gravidade desta doença. Estes avanços poderão também ter implicações mais vastas para a saúde pública, ajudando a reduzir o peso da gota no sistema de saúde e melhorando a qualidade de vida das pessoas com esta doença. Por último, uma melhor compreensão das relações entre o stress oxidativo, o ácido úrico e a gota poderá abrir caminho a novas estratégias de prevenção das doenças cardiovasculares, que estão frequentemente associadas a esta doença. Em resumo, as perspectivas futuras e as implicações clínicas da investigação sobre o stress oxidativo e o ácido úrico na gota oferecem oportunidades promissoras para melhorar a gestão desta doença e reduzir o seu impacto na saúde pública.

Capítulo 6: O papel crucial do glutatião na proteção da vitamina B12 durante o trânsito intestinal.

Introdução: O glutatião (GSH), composto por cisteína, glutamina e glicina, vai além do seu conhecido papel antioxidante. 12A sua influência decisiva na preservação da vitamina B à medida que esta atravessa o epitélio intestinal merece ser explorada em profundidade. Este capítulo aprofunda os mecanismos complexos da GSH, destacando a utilização de EXAFS para examinar as ligações moleculares, bem como os papéis específicos da GSSH e as formas reduzidas e oxidadas da GSH.

12GSH no epitélio intestinal: Como guardião da passagem de nutrientes, o epitélio intestinal desempenha um papel central no transporte de vitamina B através das transcobalaminas I, II e III. 12Este processo expõe a vitamina B a riscos oxidativos.

A ação salvadora da GSH contra a oxidação:

Abundante no epitélio intestinal, a GSH actua como uma fortaleza antioxidante, protegendo a vitamina B12 dos radicais livres. B12A sua capacidade de neutralizar os oxidantes ajuda a manter a vitamina no seu estado ativo, essencial para a sua utilização biológica.

12Interacções entre GSH e transportadores de vitamina B :

As transcobalaminas I, II e III, que estão envolvidas no transporte da vitamina B12, interagem estreitamente com a GSH. Estas interacções regulam a absorção da vitamina B12, sublinhando a influência crucial da GSH.

A espetroscopia EXAFS na análise das interacções moleculares: Estudos, nomeadamente a análise EXAFS, revelaram pormenores moleculares essenciais. Esta técnica revelou que a GSH se liga à vitamina B12 através de uma ligação Co-s de cerca de 2,21 angstroms, estabilizando o núcleo de cobalto contra a oxidação.

Formas reduzidas e oxidadas de GSH:

[12]A GSSH e a GSH são as formas oxidada e reduzida do glutatião e influenciam a capacidade da GSH para proteger a vitamina B . [12]A forma reduzida do GSH é particularmente crucial, actuando como um dador de electrões para neutralizar os radicais livres e evitar a oxidação da vitamina B .

[12]As consequências da deficiência de GSH na absorção de vitamina B :

[12]Uma redução dos níveis intestinais de GSH pode comprometer a defesa antioxidante da vitamina B, levando a uma redução da sua absorção. [12] Esta perturbação pode conduzir a uma carência de vitamina B e a complicações metabólicas.

A influência da nutrição na produção de ácido úrico: Uma nutrição adequada pode modular a produção de ácido úrico através do controlo da ingestão de purinas. Os alimentos ricos em glutatião, como os brócolos, bem como as fontes de selénio, vitamina C e vitamina E, podem ajudar a manter o equilíbrio da GSH e a prevenir a produção excessiva de ácido úrico.

$_{12}$Em suma, ao proteger a vitamina B da oxidação intestinal, a GSH assegura uma absorção eficaz. Os mecanismos moleculares, incluindo as interacções EXAFS e as influências das formas reduzidas e oxidadas de GSH, abrem perspectivas para o desenvolvimento de terapias inovadoras para a deficiência de vitamina B12. A investigação futura poderá explorar estas interacções para conceber terapias inovadoras para doenças metabólicas associadas a uma absorção deficiente da vitamina B12.

As múltiplas facetas do envolvimento da GSH na preservação da vitamina B12 durante o trânsito intestinal :

A importância da GSH na preservação da vitamina B12 não se limita ao seu papel antioxidante. Estudos recentes evidenciaram também a ligação entre a GSH e a regulação da expressão dos genes envolvidos no metabolismo da vitamina B12 no epitélio intestinal. Esta regulação génica permite manter um equilíbrio delicado entre a absorção e o metabolismo da vitamina B12, garantindo assim um fornecimento adequado desta vitamina essencial para numerosas funções biológicas.

A GSH desempenha também um papel crucial na modulação da atividade das enzimas envolvidas no metabolismo da vitamina B12, nomeadamente a metilmalonil-CoA mutase e a metionina sintase. Estas enzimas são essenciais para a conversão da vitamina B12 nas suas formas activas e a GSH desempenha um papel na regulação da sua atividade, garantindo assim que a vitamina B12 é metabolizada corretamente.

Finalmente, é importante notar que as perturbações no metabolismo da GSH podem afetar a disponibilidade da vitamina B12, sublinhando a importância de manter um equilíbrio ótimo de GSH para uma absorção eficaz da vitamina B12.

Em suma, o capítulo destaca as múltiplas facetas da participação da GSH na proteção da vitamina B12 durante o trânsito intestinal, indo além do seu papel antioxidante e incluindo a regulação genética, a modulação enzimática e o equilíbrio metabólico. Estas descobertas abrem novas perspectivas para a compreensão dos mecanismos subjacentes à absorção da vitamina B12 e para o desenvolvimento de estratégias terapêuticas inovadoras destinadas a otimizar esta absorção.

Conclusão

Em conclusão, "Antioxidants: Guardians of Health" oferece um mergulho profundo no fascinante mundo dos antioxidantes e no seu impacto na saúde humana. [12]Explorando a base científica do stress oxidativo, examinando as relações complexas entre o ácido úrico, o stress oxidativo e a gota, e destacando o papel essencial do glutatião na proteção da vitamina B, este livro oferece uma visão abrangente e informada do assunto.

Ao longo destes capítulos, vimos que os antioxidantes não são apenas moléculas que combatem os radicais livres, mas que desempenham um papel crucial na prevenção e no tratamento de muitas doenças crónicas. Ao compreendermos os seus mecanismos de ação e ao explorarmos diferentes estratégias para modular o stress oxidativo, podemos esperar um futuro em que estes compostos naturais se tornem ferramentas poderosas no arsenal terapêutico contra uma vasta gama de doenças.

No entanto, apesar dos progressos realizados neste domínio, subsistem muitos desafios. É necessária mais investigação para aprofundar a nossa compreensão das complexas interacções entre os antioxidantes, o stress oxidativo e a saúde humana. Além disso, são necessários mais esforços para traduzir este conhecimento em aplicações clínicas tangíveis, a fim de beneficiar plenamente do seu potencial terapêutico.

Em última análise, "Gout and Antioxidants: The Invisible Antagonists" espera inspirar novas investigações, estimular o pensamento e encorajar a adoção de estilos de vida e estratégias terapêuticas centradas na promoção da saúde e na prevenção da doença. Ao compreender e valorizar o papel crucial que os antioxidantes desempenham no nosso bem-estar, podemos abrir caminho para uma vida mais saudável e gratificante para todos. Em suma, este livro tem como objetivo incentivar uma abordagem holística da saúde, destacando a importância dos antioxidantes na manutenção do nosso bem-estar geral.

Apêndice :

Metabolismo do ácido úrico :

I) Origem das bases purínicas As bases purínicas têm três origens principais:

- Exógenos: os ácidos nucleicos dos alimentos são decompostos em nucleótidos pelas nucleases, depois em nucleósidos pelas nucleótidases e, finalmente, em bases purinas (adenina ou guanina) pelas nucleósidases.

- Endógeno :
  - o Degradação dos ácidos nucleicos endógenos durante a renovação celular ou a lise celular.
  - o Purinossíntese de novo: ocorre principalmente no fígado. A ribose-5-fosfato, na presença de ATP e sob a ação da fosforibosil-pirofosfato sintetase, dá origem ao fosforibosil pirofosfato (PRPP). A transferência de uma função amina da glutamina para o PRPP pela glutamil fosforibosil amino transferase (GPRAT) produz fosforibosilamina (PRA). Algumas etapas adicionais conduzem à formação de ácido inosínico, que permite a síntese de bases purínicas.

II) Origem do ácido úrico O ácido úrico é produzido pela decomposição das bases purínicas: a adenina e a guanina são decompostas em ácido inosínico e depois em hipoxantina. Através da xantina oxidase, a hipoxantina é convertida em xantina e a xantina em ácido úrico. A guanina pode ser convertida diretamente em xantina pela guanase.

III) Eliminação do ácido úrico A) O ácido úrico urinário é submetido a filtração glomerular, reabsorção tubular no túbulo contorcido proximal e secreção tubular no túbulo contorcido distal.

B) Uricólise intestinal do ácido úrico em alantoína pela flora bacteriana (presença de uricase).

Glossário:

1. Nuclease: enzima que catalisa a decomposição dos ácidos nucleicos em nucleótidos.

2. Nucleotidase: Enzima que catalisa a decomposição dos nucleótidos em nucleósidos.

3. Nucleosidase: Enzima que catalisa a decomposição dos nucleósidos em bases purinas (adenina ou guanina).

4. Purinossíntese de novo: Processo de biossíntese de bases purínicas a partir de precursores simples, como a ribose-5-fosfato.

5. Pirofosfato de fosforibosilo (PRPP): Um importante. composto intermédio na biossíntese das bases purínicas.

6. Xantina oxidase: enzima envolvida na conversão da hipoxantina em xantina e da xantina em ácido úrico.

7. Uricase: enzima bacteriana que catalisa a conversão do ácido úrico em alantoína.

8. Filtração glomerular: Processo pelo qual o sangue é filtrado nos glomérulos dos rins para formar a urina primária.

9. Reabsorção tubular: Processo pelo qual certas substâncias são reabsorvidas para a corrente sanguínea a partir da urina primária nos túbulos renais.

10. Secreção tubular: Processo pelo qual certas substâncias são excretadas na urina a partir do sangue para os túbulos renais.

Printed by Books on Demand GmbH, Norderstedt / Germany